LES PAPILLONS.

LES PAPILLONS.

DESCRIPTION DE LEUR NATURE, DE LEURS MOEURS ET HABITUDES.

OUVRAGE DÉDIÉ A LA JEUNESSE,

Orné d'un grand nombre de Figures

PEINTES D'APRÈS NATURE ET GRAVÉES SUR ACIER.

PARIS.

AMÉDÉE BÉDELET, LIBRAIRE,

ÉDITEUR DE LIVRES A GRAVURES DESTINÉS AUX ENFANTS.

90, rue des Grands-Augustins, au 1er.

1844

AVANT-PROPOS.

L'ouvrage que nous offrons à nos jeunes lecteurs a été fait absolument dans le but de leur procurer des récréations qui , tout en leur faisant passer quelques instans agréables, pût aussi leur donner des notions élémentaires d'une science aujourd'hui si répandue; l'histoire naturelle, de nos jours, a fait un si grand pas, et l'étude en est si attrayante, que nous croyons pouvoir espérer quelques succès en publiant un ouvrage qui traite d'une des parties les plus intéressantes de cette science.

Les insectes composent la classe la plus nombreuse du règne animal, et l'une des plus remarquables par la variété des formes, la richesse des couleurs, et surtout par les mœurs et les instincts propres à chaque espèce.

La classe des insectes est partagée en huit ordres, qui sont : les coléoptères, les orthoptères, les névroptères, les hyménoptères, les hémiptères, les lépidoptères, les diptères et les aptères. C'est parmi ces huit ordres que nous avons choisi celui des lépidoptères connu plus vulgairement sous le nom de Papillons; c'est donc à l'histoire naturelle de ces charmans insectes que nous avons spécialement consacré, ce volume.

Malgré que notre intention soit d'éviter ce que la science a d'aride, nous n'en suivrons pas moins avec la plus scrupuleuse exactitude l'ordre méthodique de nos savans entomologistes modernes. Ces classifications, loin de rebuter nos jeunes amateurs dans une étude où il faut éviter la confusion, les facilitera au contraire à ordonner et à classer leurs collections commençantes, leur donnant le désir d'étendre d'avantage leurs connaissances pour une science aussi intéressante.

HISTOIRE NATURELLE DES PAPILLONS.

De tous les insectes, les Papillons sont ceux qui ont obtenu près de tous les amateurs le premier rang. La beauté de leurs couleurs, et l'aspect riche et varié qu'ils donnent aux collections, sont sans doute la cause de cette prédilection dont ils sont l'objet.

Le premier état du Papillon, au sortir de l'œuf, est celui de la chenille; c'est donc de la chenille, si laide et si repoussante même, que vient le plus beau, le plus gracieux de tous les insectes, celui qui, rival des fleurs les plus brillantes de couleurs, embellit et anime nos parterres.

Toute chenille devant produire un Papillon, est composée de douze anneaux, non compris la tête; ce nombre est constamment le même, que la chenille soit grosse ou petite, naissante ou parvenue à son état le plus parfait : c'est ce nombre d'anneaux qui sert à les distinguer des vers et autres insectes rampans.

La tête des chenilles est formée par deux calottes semi-sphériques, écailleuses, et sur lesquelles on remarque deux petits points noirs qui sont les yeux. A la partie antérieure de la tête est la bouche, qui est armée de deux fortes mâchoires, dures, aiguës, et destinées à couper leur nourriture. Au-dessous de la bouche, à la lèvre inférieure est un petit trou appelé *filière,* parce que c'est par là qu'elles filent leur soie. Sur les côtés de l'animal, on voit de petites ouvertures oblongues, au nombre de dix-huit, neuf de chaque côté ; ce sont les stigmates ou organes de la respiration. Le Papillon ne conserve que deux de ces ouvertures pour respirer ; on les retrouve sur le corselet.

Les chenilles naissent des œufs déposés sur les plantes : il en est que l'on ne trouve jamais que sur telle plante qui leur convient, à l'exclusion de toutes les autres ; mais beaucoup aussi se rencontrent indifféremment sur plusieurs arbrisseaux d'espèces et de feuillages différens. Les espèces sont plus ou moins voraces; il en est dont trois nids suffiraient pour détruire un arbre entier : feuilles, fleurs et fruits, tout serait enlevé.

Les chenilles grossissent et changent de peau à différentes époques, jusqu'au moment où, cessant de manger, elles deviennent immobiles, et filent divers nids ou coques dans lesquelles elles passent à l'état de chrysalides. C'est de tous les états par lesquels passe le

Papillon, le plus étrange. Il semble ne plus exister, il ne prend aucune nourriture, et ses couleurs ternes, et presque toujours sombres, ne lui donnent point d'autre aspect que celui d'un peu de matière inerte, d'un débris auquel on n'accorde aucune espèce d'existence ; c'est cependant de ce sac lourd et brut que doit sortir le Papillon, merveille de magnificence et de légèreté.

Quelques chrysalides sont entourées de coques que la chenille file avant de passer à cet état ; d'autres chenilles se transforment sans cette précaution : on les voit s'attacher par les pattes de derrière à l'extrémité d'une branche, au bord d'un toit, et rester suspendues deux ou trois jours avant de quitter leur peau. Leur corps se raccourcit, leur tête semble s'en séparer ; elle tombe bientôt avec la peau qui s'est fendue, et on est tout étonné de voir une chrysalide suspendue à la place de la chenille, et presque toujours plus grosse qu'elle. Plusieurs entrent en terre, d'autres restent à la surface. Elles assemblent des petites pierres réunies par de la glue et des fils de soie, et tapissent ensuite l'intérieur des chambres qu'elles se pratiquent ainsi. Le plus grand nombre, cependant, file des coques plus ou moins parfaites, avec ou sans le secours des feuilles d'arbres qui servent d'attache et de soutien aux voiles qu'elles tendent autour d'elles.

Les chrysalides nues appartiennent le plus souvent aux Papillons de jour, tandis que les

Papillons de nuit sortent de chysalides enveloppées de coques; néanmoins, il y a des exceptions.

Lorsque la chaleur est arrivée au degré suffisant pour que le Papillon éclose, la tête se dégage la première, les antennes s'allongent, les pattes et les ailes s'étendent et se fortifient; il vole enfin, et ne conserve plus rien de son premier état. Figure, industrie, tout est changé à un tel point qu'il est presque méconnaissable aux yeux du naturaliste, qui a cependant étudié ses parties dans leurs différens degrés d'accroissement. Ce n'est plus cet animal vil et pesant, qui n'avait que des inclinations terrestres, condamné au travail, réduit à ramper et à brouter avec avidité la nourriture la plus grossière, n'offrant enfin à la vue qu'un extérieur hideux et dégoûtant; le Papillon, au contraire, est l'agilité même; il ne tient plus à la terre, il paraît même la dédaigner; orné des plus magnifiques parures et couvert des plus belles couleurs, il voltige de fleurs en fleurs dont il suce le miel, parcourt les monts, les bois et les plaines; il est inconstant dans ses goûts, ne s'attache à rien et change de place à tous momens. Mais il est très occupé de sa postérité; et comme s'il n'était parvenu à l'état de Papillon que pour produire des œufs et assurer l'existence de l'espèce au moment où l'individu va s'anéantir, il ne semble plus absorbé que par cette fonction importante.

Beaucoup d'objets offrent un aspect délicieux à une certaine distance, et perdent considérablement à être examinés de près et détaillés avec attention. Le Papillon n'est pas dans ce cas, et supporte cet examen avec le succès le plus complet ; car, quelque rapproché qu'il soit de nous, il offre à notre admiration une beauté d'arrangement et de symétrie bien digne de la produire. Ses ailes, surtout, ne sont plus ces deux membranes semées d'une poudre brillante que le doigt enlève par le plus léger toucher ; ce sont des écailles arrangées avec la plus rigoureuse symétrie, qui se recouvrent les unes les autres comme les tuiles u'une maison. Ses yeux, sémi-sphériques, sont taillés à facettes comme un diamant, et avec une précision dont l'art du lapidaire ne donne qu'une bien grossière idée. Ce sont ces facettes que l'on pense être destinées à suppléer à l'immobilité des yeux.

La trompe du Papillon est composée de deux lames en forme de gouttière, appliquées l'une sur l'autre, et ayant leur partie creuse en dedans. C'est donc avec cette pompe aspirante que le Papillon extrait le miel placé dans le calice des fleurs.

Les antennes sont deux petits corps presque toujours filiformes, et que le Papillon porte au-devant de lui pour interroger les lieux qui l'environnent. On distingue plusieurs espèces principales d'antennes ; et c'est surtout d'après ces différences dans un organe, qu'on a déterminé les genres dans les Papillons.

DIURNES,

ou

PAPILLONS DE JOUR.

GENRE PAPILLON.

PAPILLON MACHAON. (*Pl.* 1re, *fig.* 1.)

Ce beau Papillon, l'un des plus grands que nous ayons en France, est ordinairement d'un jaune soufre très brillant. Les ailes supérieures ont à leur naissance une grande tache noire parsemée de poussière jaune, et terminée, vers le tiers de l'aile, par une petite bande tout à fait noire. Trois taches noires, de forme irrégulière, coupent leur bord supérieur. Au bord extérieur se remarquent encore deux bandes noires séparées par huit taches jaunes ; celle qui est en dedans a un de ses bords ondulé.

L'aile inférieure a moins de taches que l'autre ; sa naissance est de même, noire et sablée de jaune ; son bord extérieur est traversé par une bande noire chargée de six taches piquetées de bleu, et de taches du même jaune que le fond ; enfin, sa partie extérieure présente sept pointes dont les intervalles sont fortement échancrés.

Le corps de ce Papillon est assez gros ; son dos, sa trompe et ses antennes sont noirs, recouverts d'une poussière jaune.

La femelle est plus petite que le mâle, ce qui est presque une exception parmi les Papillons ; du reste, ce sont les mêmes taches, les mêmes couleurs et le même dessin. On trouve très communément ce Papillon aux environs de Paris. Il paraît depuis le commencement du mois de mai jusque vers la mi-juin, et ensuite, depuis la fin de juillet jusqu'en septembre. Il fréquente les jardins, les bois, et surtout les champs de luzerne. On le prend facilement lorsqu'il est reposé, surtout au coucher du soleil.

(*P.* 1re, *fig.* 2.) — La chenille de ce magnifique Papillon varie beaucoup ; il y en a d'un beau vert clair, d'autres d'un vert jaunâtre ; mais un caractère qui leur est commun, c'est de porter une bande transversale noire sur chaque anneau ; cette bande est toujours chargée de taches rondes d'un fauve plus ou moins rouge. Cette chenille offre une singularité remarquable : ce sont deux espèces de cornes pulpeuses qui sont renfermées dans son cou ; lorsqu'elle est inquiétée, ces cornes paraissent sous la forme d'un Y; elle les retire lorsque la cause qui lui a inspiré des craintes vient de cesser. Les plantes que cette chenille semble préférer sont le persil, le fenouil et la carotte.

(*P.* 1re, *fig.* 3.) — La chrysalide de la chenille du Machaon est nue comme toutes celles de cette classe, et suspendue horizontalement par un lien de soie que la chenille a soin de filer avant sa métamorphose, et qu'elle s'attache au milieu du corps vers le quatrième et le cinquième anneaux; ce lien sert à assujétir l'étui de la chrysalide au moment où le Papillon s'en débarrasse.

PAPILLON FLAMBÉ. (*Pl.* 1re *fig.* 4.)

Ce Papillon, connu des naturalistes sous le nom de flambé, a reçu, sans doute, cette dénomination, parce qu'il a des bandes noires transverses en forme de flamme, sur le dessus des ailes.

Le dessous est à peu près semblable au dessus, si ce n'est que la bande de l'extrémité des premières ailes est moins large, ou ne forme qu'un simple liséré ; que les secondes ont, entre la bande du milieu et la ligne noirâtre qui la précède en dehors, une ligne roussâtre également transverse. Le corps est d'un jaune pâle avec une bande noire le long du dos, et une rangée de petits points de cette couleur le long de chaque côté : l'extrémité des queues est jaune de part et d'autre, les antennes sont entièrement noires.

Ce Papillon qui est un des plus beaux de son genre, paraît pour la première fois à la fin d'avril et dans le courant de mai ; et pour la seconde, en juillet et août. Il se trouve assez communément à l'Ile-Adam, à Montmorency et Saint-Germain. On le prend aussi, mais moins abondamment, au bois de Boulogne et au bois de Vincennes

Pl.2.

GENRE PIÉRIDE.

PIÉRIDE DU CHOU. (*Pl.* 2, *fig.* 1.)

Ce Papillon est blanc en dessus, avec le sommet des ailes supérieures noir. La femelle a, sur ces mêmes ailes, trois taches noires, dont deux presque rondes, placées l'une au dessus de l'autre; la troisième, en forme de raie longitudinale, occupe le milieu du bord interne. Cette espèce est extrêmement commune aux environs de Paris. On la voit depuis le commencement du printemps jusqu'à la fin de l'automne.

CHENILLE DE LA PIÉRIDE DU CHOU. (*Pl.* 2*, *fig.* 2.)

Cette chenille est d'un cendré bleuâtre, avec trois raies jaunes et longitudinales, dont une sur le dos; entre ces deux raies sont des points tuberculeux, au centre desquels s'élève un poil. Ces chenilles sont fixées par la queue, et attachées en outre par un cordon transversal qui embrasse le milieu du corps.

2

PIÉRIDE GAZÉE. (*Pl. 2ᵉ, fig. 3.*)

Les ailes de ce Papillon sont arrondies, très entières, d'un blanc verdâtre, un peu transparantes, avec des nervures noirâtres.

Cette espèce paraît dans le mois de juin, au printemps et en été, dans les prairies et dans les jardins.

Pallas rapporte, dans le premier volume de ses voyages, qu'il les vit voler en si grande abondance aux environs de *Winofka*, qu'il les prit d'abord pour des flocons de neige.

PIÉRIDE AURORE. (*Pl. 2ᵉ, fig. 4.*)

Le dessus des ailes est moitié blanc, moitié aurore, marqué vers son milieu d'un point noir, le sommet est noir, avec le bord antérieur entrecoupé de blanc. Le dessous des ailes supérieures est semblable au dessus; mais la base est légèrement soufrée, et l'extrémité est teintée de vert, entremêlée de blanc et d'incarnat. Le dessous des ailes inférieures est marbré de vert; ces marbrures se font sentir en dessus.

La femelle diffère du mâle par l'absence de la tache aurore, et par un peu plus de noir au sommet des premières ailes.

Cette piéride habite les bois et ne donne qu'une fois par an, depuis la fin d'avril jusqu'à la mi-mai.

PIÉRIDE AURORE DE PROVENCE. (*Pl.* 2ᵉ *fig.* 5.)

Ce Papillon est d'un beau jaune de part et d'autre, avec la base des quatre ailes noirâtre en dessus. Les premières ailes ont, vers le sommet, une grande tache aurore. Le corps est de la couleur des ailes. Les antennes sont blanches, avec l'extrémité de la massue d'un jaune sale.

Cette piéride paraît vers la fin d'avril et dans le courant d'août; on la trouve très communément dans les garigues de nos départemens méridionaux

GENRE COLIADE.

COLIADE CITRON. (*Pl.* 3ᵉ, *fig.* 1ʳᵉ.)

La couleur de ce joli Papillon est d'un beau jaune citron. Le milieu des quatre ailes est marqué d'un point orangé. Le dessous ne diffère du dessus que parce qu'il est un peu moins foncé. Le corps est jaune ou d'un blanc verdâtre, le dos est noirâtre, avec le corselet et la base de l'abdomen garnis de poils soyeux argentés. Les antennes sont rougeâtres.

Cette espèce, qui est extrêmement commune, paraît sans interruption depuis le commencement du printems jusqu'à la fin de l'automne.

COLIADE SOUCI. (*Pl.* 3ᵉ, *fig.* 2.)

Cette espèce a le dessus des ailes d'un jaune souci très brillant. Les supérieures offrent vers le milieu de leur bord d'en haut, un gros point noir foncé ; il existe à l'extrémité des unes et des autres une large bande noire, continue dans le mâle, divisée dans la femelle par des taches jaunes. Le corps est jaune, avec la tête ferrugineuse, et le dos noirâtre.

Cette espèce est assez commune ; elle paraît pour la première fois en mai, et pour la seconde en juillet.

Pl. 3.
1
2
3
4
5

GENRE POLYOMMATE·

POLYOMMATE DU BOULEAU. (*Pl.* 3ᵉ, *fig.* 3.)

Les ailes sont d'un brun noirâtre en dessus, avec l'angle interne et le milieu des inférieures fauves. Dans la femelle, il y a en outre une bande fauve vers le bout des supérieures.
Les premières ailes sont d'un fauve jaunâtre en dessous, avec une ligne noirâtre bordée de
blanc ; puis deux autres lignes blanches ondulées, partant de la côte et tendant à se réunir à
leur extrémité inférieure. Les secondes ailes sont de la même couleur, avec deux lignes
blanches transverses et une bande terminale d'un roux vif.

Ce polyommate se trouve dans les bois et le long des haies ; il paraît depuis la fin de juillet jusqu'à la mi-septembre.

POLYOMMATE MÉLÉAGRE. (*Pl.* 3, *fig.* 4.)

Le mâle est d'un bleu argenté en dessus, avec le bord terminal liseré de noir et garni
d'une frange blanche. Le dessous est d'un gris blanc, avec une ligne courbe de points noirs,
derrière laquelle sont deux rangées de lunules obscures, dont les extérieures sont moins
apparentes. La femelle est d'un blanc argenté, avec le pourtour légèrement noirâtre et la
frange d'un blanc sale. Ce Papillon se trouve, au mois de juillet, dans les Alpes.

POLYOMMATE DU PRUNIER. (*Pl.* 3ᵉ, *fig.* 5.)

Les deux sexes sont d'un brun noirâtre en dessus, avec une rangée postérieure de taches fauves aux quatre ailes de la femelle, et seulement aux secondes ailes du mâle. Le dessous est d'un brun un peu plus clair que le dessus, avec une bande fauve, offrant le long de son côté interne une série de points noirs bordés de blanc antérieurement.

Ce polyommate se trouve dans les bois des environs de Paris.

POLYOMMATE DE L'ACACIA. (*Pl.* 4ᵉ, *fig.* 1ʳᵉ.)

Le polyommate de l'acacia a les quatre ailes d'un brun noirâtre chatoyant, avec des taches fauves à l'extrémité des ailes inférieures; il y en a ordinairement deux chez le mâle et quatre chez la femelle. Le corps est brun et se termine, dans la femelle, par une houppe de poils très noirs.

On a trouvé ce Papillon dans la Lozère et dans les Pyrénées Orientales; il paraît en juin.

Pl. 4.

POLYOMMATE BALLUS. (*Pl.* 4ᵉ, *fig.* 2.)

Le mâle a les ailes d'un brun noirâtre, avec la frange grisâtre. Près de l'angle anal des inférieures il a deux petites taches fauves; la femelle qui est représentée sur cette planche, diffère beaucoup du mâle en dessus; les ailes supérieures ont une couleur orangée très brillante, et l'extrémité des ailes inférieures est en outre marquée d'une bande de la même couleur.

Ce polyommate paraît dès les premiers jours de mars : il se trouve en Portugal et en Espagne; il se trouve aussi aux environs d'Hières.

POLYOMMATE CHRISÉIS. (*Pl.* 4ᵉ, *fig.* 3.)

Ce Papillon est d'un fauve ponceau vif en dessus, avec tout le pourtour noirâtre. Le milieu de chaque aile présente un double point noir. Le dessus des premières ailes de la femelle est d'un fauve foncé, avec les bords et des pointes noirâtres; les secondes ailes sont noirâtres en dessus avec une ligne fauve.

Cette espèce paraît dans le courant de juin et au mois d'août; elle a été trouvée aux environs de Paris.

POLYOMMATE DE LA VERGE D'OR. (*Pl. 4*, *fig. 4.*)

Le dessus de ce Papillon est d'un fauve ponceau; le dessus des quatre ailes de la femelle est fauve et ponctué de noir. Les deux sexes sont d'un fauve pâle et jaunâtre en dessus, avec des points noirs, derrière lesquels les secondes ailes ont une bande transverse de taches blanches.

Le polyommate de la verge d'or paraît au printems et vers le milieu de l'été. Il a été trouvé dans les environs de Beauvais et de Beaumont-sur-Oise.

GENRE NYMPHALE.

NYMPHALE JASIUS. (*Pl. 5*, *fig. 1re.*)

Ce beau Papillon, qui est à peu près de la grandeur du Machaon, est d'un brun chatoyant. Le bord terminal des premières est longé par une bande fauve, finement liserée de noir à son côté externe. Le dessous des quatre ailes est ferrugineux vers la base avec des taches brunes d'un dessin très original, et encadrées de blanc.

Cette nymphale se trouve dans presque tout le bassin de la Méditerranée; elle donne deux fois par an, en juin et en septembre. Les paysans des rives du Bosphore l'appellent le Pacha à deux queues.

NYMPHALE GRAND MARS CHANGEANT. (*Pl.* 5ᵉ, *fig.* 2.)

Le Grand Mars mâle est sans contredit un des plus beaux Papillons d'Europe; et par l'élégance de ses formes et par la vivacité de ses couleurs. Il est brun foncé, mais cet habit sombre, lorsqu'il est frappé sous un certain angle par la lumière, devient tout à coup brillant, et se change en violet foncé tirant sur le bleu d'outre-mer.

Les ailes supérieures portent dix taches blanches de différentes grandeurs. Au milieu des ailes inférieures il y a une bande blanche transversale entrecoupée par les nervures, et près de l'angle d'en bas, on trouve un œil noir entouré d'un cercle aurore. Ce Papillon étant retourné, on aperçoit sous les ailes inférieures une grande tache aurore chargée d'un œil noir à prunelle violette : des taches blanches et noires sont répandues sur un fond marbré de brun, de vert et de fauve. Les petites ailes présentent le même œil que les grandes, mais il est plus petit et dépourvu du cercle orangé dont nous avons parlé.

La femelle diffère du mâle en ce qu'elle n'est pas d'un aspect changeant.

Vers la mi-juin, ce Papillon parcourt les bois dans leur profondeur, affectionnant les endroits où le feuillage est le plus épais et l'air le plus humide. Il suit les bestiaux et rase l'eau des rivières; il est très peu farouche et ne s'éloigne jamais beaucoup du chasseur. On trouve le Grand Mars en Alsace; en France, il est connu dans la forêt de Villers-Coterets. Il n'agite presque jamais les ailes et plane plutôt qu'il ne voltige.

GENRE ARGINNE.

ARGINNE PETIT NACRÉ (*Pl.* 6*, *fig.* 1re.)

Le Petit-Nacré, un des plus jolis Papillons que l'on trouve aux environs de Paris, est de couleur fauve en dessus avec des taches noires sur le reste de la surface. Le dessous des premières ailes diffère du dessus par l'extrémité qui est ferrugineuse, avec sept ou huit points argentés. Les secondes ailes sont jaunes en dessous, avec une trentaine de taches nacrées et de grandeur inégale. Cette espèce paraît au printemps, et dans les mois d'août et de septembre.

ARGINNE GRAND NACRÉ. (*Pl.* 6, *fig.* 2.)

Le dessus des ailes est d'un fauve très brillant avec trois bandes noires transversales. La bande antérieure occupe le milieu de la surface et est en zig-zag ; la suivante, formée de six points à chaque aile, est courbe aux inférieures ; la troisième couvre le bord terminal ; elle est dentée à son côté interne, et chargée de deux rangs de lunules fauves, dont les antérieures, moins distinctes, manquent quelquefois aux ailes du devant. Ces mêmes ailes présentent en outre quatre taches noires vers l'origine de leur bord antérieur. Le dessous des

premières ailes diffère de celles du dessus par le bord antérieur et le sommet qui sont d'une couleur plus claire. Le dessous des secondes ailes est aussi plus tendre et couvert de taches argentées. On trouve cette espèce dans le mois de juillet ; elle est assez commune dans les forêts des environs de Paris, telles que les forêts de Saint-Germain et de Meudon.

ARGINNE TABAC D'ESPAGNE. (*Pl.* 6, *fig.* 5.)

Le Papillon tabac d'Espagne, un des mieux tachés que nous connaissons, a le dessus des ailes absolument de même couleur que le tabac d'Espagne. Les taches sont noires. Le dessous des premières ailes est semblable au dessus, excepté que la sommité est un peu glacée de vert ; le dessous des secondes ailes est entièrement glacé de vert, avec quatre bandes argentées, dont la deuxième est divisée par l'empreinte de points noirs. On trouve ce Papillon en Europe dans le mois de juillet. Il est toujours sur le bord des eaux : on le voit sur les joncs en fleur et sur l'herbe des prairies.

Une variété femelle bien remarquable de cette espèce est connue sous le nom d'Arginne Valaisien. C'est une femelle dont le dessus est vert au lieu d'être fauve, avec des taches blanches vis-à-vis du sommet des ailes supérieures, et parfois aussi vers l'extrémité des ailes inférieures.

GENRE VANESSE.

VANESSE BELLE-DAME. (*Pl.* 7ᵉ, *fig.* 1ʳ.)

La beauté des couleurs et l'élégance des formes ont fait donner à ce Papillon le nom de *Belle-Dame;* ce nom lui convient d'autant mieux que chenille, chrysalide ou papillon, dans ses trois états, il a obtenu de la nature une parure recherchée, et qu'il est pour ainsi 'dire toujours en toilette.

C'est pendant l'été que ce Papillon paraît dans les prairies; cependant il n'est pas rare de le voir encore en grand nombre pendant les premiers jours de l'automne. Il aime le lieux fréquentés; le chemins et les jardins cultivés sont ses promenades habituelles; il s'écarte peu de l'endroit qui le vit éclore; son vol est lent et il se laisse assez facilement approcher. Quoique papillon de jour, il se retire très tard dans sa demeure, et souvent il est nuit sombre qu'on le rencontre encore voltigeant au milieu des phalènes. Ses couleurs sont vives et éclatantes; celles de la femelle le sont moins.

VANESSE VULCAIN. (*Pl·* 7e, *fig.* 2·.)

Les chenilles qui produisent ce papillon sont très différentes, et l'on aurait peine à s'imaginer, si les expériences ne le démontraient, qu'elles doivent donner naissance au même individu; l'une est brune, avec deux bandes jaunes interrompues par des taches brunes et régnant le long des pattes, l'autre est vert pâle avec une bande pareille; une troisième est gris ardoise; une quatrième carmelite clair.

Le Vulcain a le dessus des ailes noires avec une bande rouge et des taches blanches sur les supérieures; le dessous est marbré de diverses couleurs. Ce Papillon, si riche par l'éclat de ses couleurs, est un des plus communs; on le rencontre dans toute l'Europe, aux États-Unis d'Amérique, et dans toute la partie de l'Afrique bordée par la Méditerranée. Il connaît peu le danger, et souvent, après avoir été manqué par le chasseur, il revient se poser sur son filet; on a vu le prendre à la main. Cette intrépidité est la marque d'un grand courage; aussi le Vulcain combat-il avec ardeur, défendant, à tous les Papillons d'une autre espèce que la sienne, l'approche des lieux où il a établi sa demeure, ses chasses et ses promenades.

VANESSE PAON DE JOUR. (*Pl.* 7, *fig.* 3.)

Le Paon de Jour n'offre avec sa femelle presque aucune différence ; on ne connaît pas non plus de variété de cette espèce. Le dessus est d'un fauve rougeâtre, avec une grande tache en forme d'œil sur chacune ; celle des supérieures, rougeâtre au milieu, entourée d'un cercle jaunâtre ; celle des inférieures noirâtres, avec un cercle gris autour, et renfermant des taches bleuâtres ; le dessous des ailes est noirâtre. Ce Papillon est assez constamment le même par toute l'Europe ; il habite les forêts, les jardins, les environs des prairies. Il est attaché à son berceau, et ne quitte qu'à regret le lieu natal ; il ne parcourt encore qu'une enceinte très circonscrite ; et comme s'il en était le propriétaire, il en chasse les Papillons étrangers, et les traite comme un maître avare qui refuse de donner l'hospitalité. Osent-ils le combattre ? cet ennemi cruel leur arrache la vie pour punition de leur imprudence. Le vol du Paon, quoique rapide, est majestueux ; il plane presque toujours. Cette manière de voler lui est, au reste, commune avec les plus beaux Papillons. Ils semblent connaître tout le prix de leurs ornemens, et le mouvement de leurs ailes est plus mesuré ; ils se garderaient bien de voltiger en tourbillon comme les Papillons dont la parure est moins recherchée. Le Paon de Jour est un petit-maître bien paré, qui étudie sa marche et calcule tous ses pas.

VANESSE GRANDE TORTUE. (*Pl.* 8, *fig.* 1.)

La Grande Tortue est d'un fauve assez foncé, avec le bord postérieur noir, et offrant dans toute sa longueur deux rangées de lunules bleues, entre lesquelles il y a une double ligne ondulée d'un jaune obscur. Les premières ailes ont sous la côte trois bandes noires, séparées entre elles et de la bordure par du jaune d'ocre. Les secondes ailes offrent, sur le milieu du bord antérieur, une tache noire, entourée de jaune en dehors.

Cette Vanesse se trouve en juillet sur le chêne, l'orme, le saule, et sur plusieurs arbres à fruits. Le vol de ce Papillon est rapide; il parcourt les jardins et fréquente les promenades. L'homme ne l'effraie pas; il se repose, pour éviter ses atteintes, sur la vivacité de ses ailes. Il s'élève aisément dans l'air en suivant une ligne presque droite; hors de la main, il plane et semble insulter son ennemi.

VANESSE PETITE TORTUE. (*Pl.* 8, *fig.* 2.)

Au premier abord, on serait tenté de n'admettre, entre ce Papillon et le précédent, qu'une différence de taille, et de refuser d'en faire une autre espèce; mais en se livrant à un examen plus sévère, on remarquera que ses ailes ne sont pas frangées, et on observera aussi, et cela sans la moindre variation, une tache blanche vers l'extrémité des ailes supérieures, tache qui jamais ne se remarque dans la Grande Tortue. Cette espèce se trouve depuis le commencement du printemps jusqu'à la fin de l'été ; elle n'est pas voyageuse et s'écarte rarement de la plante où elle a vécu à l'état de chenille.

VANESSE GAMMA. (*Pl.* 8, *fig.* 5.)

Le dessus des ailes est fauve, plus foncé dans le mâle que dans la femelle. Les taches des premières sont noires et au nombre de huit. Les taches des secondes ailes sont au nombre de trois, et occupent le milieu de la surface, en tirant vers le bord d'en haut. Elles sont suivies d'une ligne transverse qui est noirâtre dans la femelle et ferrugineuse dans le mâle. Le dessous des quatre ailes est d'un brun obscur. Il existe au milieu des secondes un G, caractère qui a fait donner à cette espèce le nom de Gamma.

On trouve ce Papillon, qui est assez commun, en juillet.

(33)

GENRE SATYRE.

SATYRE SYLÈNE. (*Pl.* 9ᵉ, *fig.* 1ʳᵉ.)

Les ailes sont d'un brun noir en dessus, avec une bande blanche située vers le bord postérieur. Le dessous des ailes supérieures diffère du dessus en ce que l'œil de la bande a une prunelle d'un blanc bleuâtre, et en ce qu'il y a près du milieu du bord d'en haut, deux taches blanches. Les ailes inférieures sont d'un brun obscur en dessous, piquées de gris, avec deux bandes transverses. Le corps est grisâtre.

Cette espèce paraît en juillet. On la trouve dans les bois secs et dans les lieux pierreux.

SATYRE HERMITE. (*Pl.* 9ᵉ, *fig.* 2.)

Les ailes sont d'un brun noirâtre à reflet verdâtre, avec une bande transverse d'un blanc sale. La bande des secondes ailes est dilatée dans son milieu, celle des premières est partagée en six ou sept taches oblongues, dont l'antérieure et la quatrième sont chargées chacune d'un œil noir, à prunelle d'un blanc bleuâtre. L'extrémité antérieure des premières ailes est blanchâtre; ces mêmes ailes ont leur dessous un peu moins foncé que leur dessus.

Le dessous des ailes inférieures est cendré à la base avec deux taches noirâtres chez le mâle, sans taches dans la femelle.

Cette espèce se trouve aux environs de Paris, dans les mois de juillet et d'août.

SATYRE ARIANE. (*Pl.* 9ᵉ, *fig.* 3.)

Les ailes sont d'un brun obscur; les premières ailes ont vers leur extrémite une bande fauve chargée à sa partie antérieure de deux yeux noirs, dont l'extérieur très petit, l'autre assez gros, et pourvu d'une double prunelle blanche. Les secondes ailes ont une bande fauve, sur laquelle on aperçoit trois à quatre yeux; le dessous des ailes inférieures ne diffère du dessus qu'en ce qu'il est généralement plus pâle; le dessus des inférieures est d'un gris clair, avec deux lignes brunes, à la suite desquelles vient une rangée courbe de six yeux noirs; ces yeux ont tous une prunelle blanche et deux iris jaunâtres qu'entoure un cercle noirâtre. Cette espèce est très commune aux environs de Paris.

SATYRE DEMI-DEUIL. (*Pl.* 10, *fig.* 1ʳᵉ.)

Les ailes sont d'un blanc jaunâtre en dessus, avec des taches et une bande noire; elles offrent à leur partie antérieure quatre taches blanches, sur la plus large desquelles il y a un œil noir sans prunelle; les secondes ailes n'ont pas d'yeux vers l'extrémité, ou bien elles

T. 10.

en ont tantôt trois tantôt cinq peu prononcés. Le dessous des ailes supérieures diffère du dessus par les taches qui sont plus grandes et triangulaires; le dessous des ailes inférieures est blanc dans le mâle, avec les nervures noires; il présente aussi cinq petits yeux noirs qui ont une prunelle bleuâtre et un iris jaunâtre qu'entoure un cercle d'atômes noirâtres.

On trouve très communément le Demi-Deuil au mois de juillet, dans les bois des environs de Paris.

SATYRE PASIPHAE. (*Pl.* 10ᵛ, *fig.* 2.)

Toutes les ailes sont fauves en dessus, avec la base et le pourtour d'un brun noirâtre. Les ailes supérieures ont à leur extrémité un œil à double prunelle blanche, et sur le milieu une bande qui est large dans le mâle, linéaire et moins foncée dans la femelle; les inférieures offrent à leur bord de derrière une suite de trois ou à quatre yeux noirs à simple prunelle blanche. Le dessous des premières ailes diffère du dessus en ce que la base est beaucoup plus claire, et le bord postérieur entièrement longé par une ligne grise. Les secondes ailes sont d'un brun noirâtre clair en dessous, et traversées au-delà du milieu par une bande d'un jaune-paille, suivie d'une rangée de cinq yeux, dont les deux extrêmes plus petits. Ce satyre est très commun dans le Midi de la France; on le trouve dans les mois de juillet et d'août.

SATYRE CETO. (*Pl.* 10, *fig.* 3.)

Les ailes sont d'un brun noirâtre chatoyant, et elles ont en dessus comme en dessous une série de six taches rousses, chargées chacune d'un petit œil à prunelle blanche.

On trouve cette espèce en Suisse.

SATYRE EPISTYGNE. (*Pl.* 10, *fig.* 4.)

Le dessus des ailes est brun à reflet violâtre. Les supérieures ont ordinairement dans la cellule une éclaircie jaunâtre, et à l'extrémité une bande transverse d'un jaune d'ocre très pâle. Cette bande est marquée de part et d'autre de cinq à six yeux noirs pupillés de blanc. Les ailes inférieures ont vers l'extrémité une bande d'un fauve un peu obscur, formée de cinq à six taches oblongues, marquées chacune d'un petit œil noir à prunelle blanche. Le dessous des ailes supérieures est ferrugineux, avec les nervures brunes, les bords grisâtres, et la bande du dessus d'un roux fauve terne. Celui des inférieures est d'un brun ondé, avec les nervures blanchâtres, traversé au-delà du milieu par une bande grisâtre striée de brun et dentée sur son bord interne. Cette espèce se trouve assez communément, en mars, dans le nord de l'Italie, et dans nos départemens du Var et des Basses-Alpes.

FAMILLE SECONDE.

CRÉPUSCULAIRES,

ou

PAPILLONS DES CRÉPUSCULES.

GENRE SPHINX.

SPHINX TÊTE DE MORT. (*Pl.* 2 , *fig.* 1.)

Le Sphinx à tête de mort diffère de ceux de la même famille par la forme de son corps qui est extrêmement gros et aplati. Ses antennes sont moins longues que le corselet et très épaisses, elles sont noires d'un côté et blanches de l'autre. Ses yeux sont gris, et la nuit aussi brillans que l'œil du chat, ce qu'on explique en admettant qu'ils ont la propriété d'absorber de la lumière, ou fluide lumineux, et de la rendre ensuite dans l'obscurité.

La tête de mort est assez bien figurée sur son corselet pour lui avoir mérité le nom qu'il porte; et ce n'est pas ici une illusion des yeux, une fiction de l'imagination, cette tête existe réellement. Le corps, d'un fond jaunâtre, est traversé dans sa longueur par une large bande noire; dans sa largeur, par des bandes transversales, qui ne sont autres que des anneaux. Sa partie inférieure est toute noire. Les ailes supérieures sont gris de fer, couvertes de points et d'ondes noires; les ailes inférieures sont du même jaune que le corps, et traversées par deux bandes noires qui ont les mêmes contours que le bord extérieur.

Lorsqu'il agite ses ailes, le Sphinx fait entendre comme un cri lugubre; ce bruit sinistre, joint à la principale pièce de sa livrée, l'a fait considérer par la superstition des paysans comme l'avant-coureur des événemens funestes. Ce bruit, pour le naturaliste. n'est que la conséquence toute naturelle du froissement de plusieurs écailles placées entre les ailes et le corselet. Dépourvus de ces écailles, des Sphinx ont volé et n'ont plus fait cette prétendue voix qu'ils avaient avant l'opération.

Le Sphinx n'est pas rare en France; il y paraît de juin en septembre, et c'est contre les murailles, sur le tronc des vieux arbres, qu'on le trouve ordinairement posé. On l'attire la nuit au moyen d'un fanal allumé, et lorsqu'il approche, le bruit de ses ailes

Pl. II.
1
2
3

peut le faire confondre un instant avec la chauve-souris dont le cri se trouve par-là assez bien imité. Ce papillon, déjà d'une si belle dimension, est deux fois plus grand en Chine et dans l'Egypte.

***

CHENILLE DU SPHINX TÊTE DE MORT. (*Pl.* 11, *fig.* 2.)

Cette Chenille, parvenue à sa perfection, est une des plus belles et des plus grosses qui existent. Depuis longtemps elle est connue en Italie, et nous pensons qu'elle s'est repandue en France et en Allemagne depuis que l'on cultive dans ces pays la pomme de terre, sa nourriture favorite. Presque constamment cachée en terre, elle n'en sort que de midi à trois heures. C'est vers le commencement de juillet que cette Chenille, plus forte et plus développée, quitte sa retraite. Le fond de sa couleur est alors d'un beau jaune citron; des deux côtés du corps sont deux bandes d'un vert uni, qui traversent obliquement chaque anneau, si l'on en excepte les trois premiers. Au moment de sa métamorphose, cette chenille, comme toutes les autres, voit ses couleurs se changer; mais elle n'en est pas moins brillante et acquiert plutôt de la beauté : en effet, le jaune prend une teinte plus ferme, et les bandes dont nous avons parlé se teignent de pourpre et de bleu. C'est le moment où elle rentre en terre pour y construire son habitation.

SPHINX DU LAURIER-ROSE. (*Pl.* 11 , *fig.* 3.)

Les premières ailes sont nuancées de vert en dessous, et elles présentent à l'origine du bord antérieur une tache blanchâtre, sur laquelle il y a un gros point d'un vert olivâtre ; suivent ensuite trois lignes blanchâtres, se confondant à leur partie inférieure avec une bande rosée. Derrière cette bande est un espace violâtre, appuyé à son extrémité interne sur une ligne blanchâtre en zig-zag. Il existe vis-à-vis du sommet une figure blanchâtre représentant un V.

Les secondes ailes sont noirâtres en dessus, ensuite verdâtres jusqu'au bord postérieur ; le bord interne est garni de poils grisâtres, et le pord postérieur est liseré de blanc.

Les quatre ailes sont verdâtres en dessous, avec une ligne blanche commençant au sommet des supérieures et finissant à l'angle anal des inférieures.

Le corselet est d'un vert foncé, avec un collier d'un gris lilas, et une tache d'un gris verdâtre, mais plus claire sur les côtés ; le dessus de l'abdomen est vert, avec le premier et le troisième anneaux blancs ; le dessus des antennes est blanchâtre, le dessous est ferrugineux ; la trompe est jaunâtre, les pattes sont grises.

On trouve ce joli Sphinx dans le Piémont. Plusieurs chenilles ont été trouvées en 1833 à la Glacière, près Paris.

FAMILLE TROISIÈME.

NOCTURNES,

ou

PAPILLONS DE NUIT.

GENRE ÉCAILLE.

ÉCAILLE HÉBÉ. (*Pl.* 12 *, fig.* 1.)

Les premières ailes sont d'un noir velouté en dessus, avec cinq bandes blanches, transverses, dont la troisième souvent plus étroite, et les deux postérieures adhérentes par le milieu. Ces bandes sont toujours bordées de noir.

Les secondes ailes du mâle sont roses en dessus, chez la femelle elles sont d'un beau rouge carmin, avec une bande transverse, deux taches postérieures et la frange du bord terminal noires. Chez le mâle la bande ne descend pas au delà du disque, tandis qu'elle se prolonge chez la femelle jusqu'à la partie postérieure.

Le dessous des quatre ailes diffère du dessus en ce qu'il est un peu moins foncé, et en ce que les bandes supérieures sont lavées de rouge, principalement vers la base.

Le corps est noir, avec deux colliers rouges et six bandes transverses, également rouges, sur chaque côté de l'abdomen ; les antennes sont noires et pectinées, celles du mâle ont les barbes plus longues.

Cette espèce varie beaucoup ; elle se trouve aux environs de Paris dans les mois de mai et de juin.

ÉCAILLE FERMIÈRE. (*Pl.* 12, *fig.* 2.)

Les premières ailes sont d'un noir foncé et velouté en dessus, avec huit taches d'un blanc jaunâtre ; la tache de la base est toujours à peu près en forme de cœur, et celle de l'extrémité est surmontée d'un ou deux points de sa couleur.

Les secondes ailes sont d'un jaune foncé en dessus, avec cinq à sept taches noires.

Le dessous des quatre ailes diffère du dessus en ce que le bord antérieur est cramoisi.

Le corselet est noir, avec une tache jaunâtre à l'origine des épaulettes ; le dessus de l'abdomen est jaune, d'un rouge carmin vers son extrémité, avec trois séries longitudinales de points noirs; les antennes sont noires; elles sont pectinées chez le mâle, filiformes chez la femelle.

On trouve assez communément cette Ecaille au mois de juin, dans les bois et dans les parcs des environs de Paris.

_____

ÈCAILLE MARTRE (*Pl.* 12, *fig.* 3.)

Les premières ailes sont d'un brun café en dessus avec des bandes blanches sinueuses, et dont les deux postérieures se croisent en X. De plus, on voit au milieu de la côte deux taches blanches, transverses, finissant en pointes.

Les secondes ailes sont d'un rouge brique en dessus, avec six à sept taches bleues, bordées de noir et légèrement entourées de jaune.

Le dessous des quatre ailes diffère du desssus en ce qu'il est plus pâle, en ce que les bandes des supérieures ont une teinte rougeâtre, surtout vers la base, et en ce que les taches des inférieures sont entièrement d'un brun café.

Le corselet est d'un brun café, avec un collier rouge; l'abdomen est d'un rouge brique, avec une rangée de cinq à six taches noires sur le dos et des bandes brunes transverses sur le ventre. Les antennes sont blanches et elles ont les barbes brunes.

Cette espèce varie beaucoup; elle paraît en juin, puis en août. On la trouve dans le centre et dans tout le nord de l'Europe. Elle habite aussi une partie des États-Unis d'Amérique.

GENRE BOMBYX.

BOMBYX DU CHÊNE. (*Pl.* 13, *fig.* 1re.)

Les quatre ailes du mâle sont ferrugineuses, avec une bande arquée, ainsi que la bande du bord terminal des inférieures, d'un jaune fauve. Cette bande est un peu plus pâle en dessous qu'en dessus; quelquefois elle se confond dans la frange des secondes ailes; l'extrémité des premières ailes est saupoudrée de grisâtre entre les nervures, et leur dessus offre vers le milieu un point blanc cerclé de noir; le corps en dessus et en dessous est ferrugineux, avec la tige des antennes jaunâtre.

La femelle est ordinairement d'un jaune paille, avec une bande plus claire, précédée sur le dessus des premières ailes d'un point blanc, autour duquel il y a un cercle jaunâtre. Tout le corps est entièrement de la couleur des ailes, avec les barbes des antennes ferrugineuses.

On trouve quelquefois des individus femelles qui sont d'un jaune terne ou presque blanchâtre, et chez lesquels la bande transverse est à peine visible. Il en est d'autres qui se rapprochent des mâles par la couleur brune de leurs ailes.

Ce Bombyx est assez commun dans les environs de Paris, au mois de juillet.

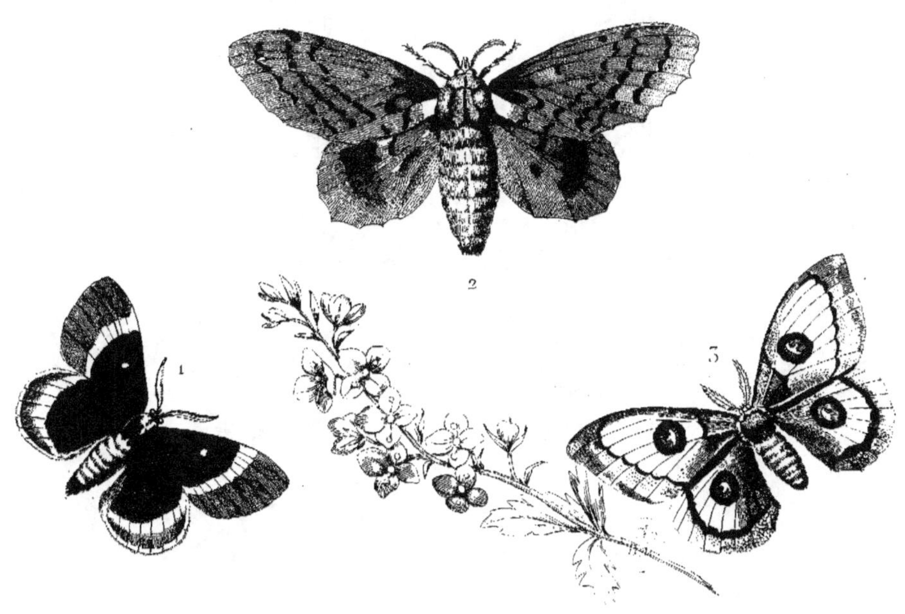

Pl. 73.
1
2
3

(45)

BOMBYX FEUILLE DE PEUPLIER. (*Pl.* 13, *fig.* 2.)

Les quatre ailes sont d'un jaune fauve en dessus (cette couleur est ordinairement plus foncée dans le mâle que dans la femelle), avec l'extrémité glacée de gris violâtre, et trois lignes transverses noirâtres. Le dessous diffère du dessus en ce qu'il est plus pâle et légèrement teinté de violet. Le corps ainsi que toutes ses parties sont de la même couleur que les ailes; le corselet est divisé longitudinalement dans son milieu par une ligne plus ou moins obscure. On trouve cette espèce dans les environs de Paris, au mois de juin.

BOMBYX TAU. (*Pl.* 13, *fig.* 3.)

Les ailes sont d'un jaune fauve en dessus, plus foncé chez le mâle que chez la femelle; l'œil des premières ailes est moins chatoyant que celui des secondes; il est entouré de deux bandelettes d'un jaune plus intense que le fond. On aperçoit, entre cet œil et le bord postérieur, une ligne noire, courbe, toujours plus large aux ailes inférieures qu'aux supérieures, et derrière laquelle sont des atômes obscurs.

Le dessous des premières ailes, dans les deux sexes, diffère du dessus en ce que le sommet présente une tache blanchâtre presque en forme d'H, et en ce que la ligne de l'extrémité est convertie en une ligne grisâtre. Les secondes ailes sont d'un gris brunâtre en dessus, plus claires au sommet, ainsi qu'à l'origine des bords antérieurs et internes, avec deux lignes blanchâtres parallèles au bord postérieur, et une bande ferrugineuse, au centre de laquelle il y a une tache blanche qui n'est que la répétition de la prunelle de l'œil du dessus.

Le dessus du corps est de la même couleur que les ailes; le dessous est grisâtre, avec les bords des anneaux blancs; les antennes sont ferrugineuses, larges et pectinées dans le mâle, à peine dentées dans la femelle.

On trouve quelquefois des femelles qui sont d'un jaune obscur; d'autres, au contraire, qui sont comme étoilées, et d'un jaune tirant sur le gris, surtout à la base et au sommet des ailes supérieures.

Le Tau se trouve aux environs de Paris, dans les mois d'avril et mai.

BOMBYX GRAND PAON. (*Pl.* 14, *fig.* .)

Les ailes sont d'un gris plus ou moins nébuleux en dessus, avec l'extrémité d'un brun noirâtre, et terminée par une large bordure d'un brun jaunâtre. Vers le milieu de chaque aile, dans un cercle noir, on voit un œil également obscur et embrassé du côté du corps par

un arc blanc, lequel est entouré lui-même par un demi-cercle rouge pourpre. Ces yeux sont entourés de deux lignes obliques, rougeâtres, dont la postérieure est très anguleuse; l'antérieure en forme d'S aux secondes. De plus, la base supérieure des premières ailes présente un espace noirâtre, un rang transversal de deux ou trois arcs cramoisis et convexes en dehors, dont le supérieur embrasse dans sa convexité un groupe d'atômes rosés et contigus à une petite tache noire, disposée longitudinalement sur la côte, et près de la naissance de la ligne anguleuse.

Le dessous diffère du dessus, en ce qu'il est généralement plus clair, et en ce qu'il n'y a point d'espace noirâtre à la base des supérieures.

Le corps est entièrement brun, avec les anneaux de l'abdomen d'un gris cendré; les antennes sont jaunâtres.

Le grand Paon se trouve communément aux environs de Paris, dans le mois de mai.

Une différence qui existe entre le mâle et la femelle, c'est que les antennes du premier sont constamment larges et bien fournies, tandis que celles de la femelle sont longues, affilées et peu garnies de barbes. La femelle vole, et toute sa vie qui est très courte d'ailleurs, se passe sur le tronc d'un arbre où elle s'attache, et où elle dépose ses œufs et meurt.

La chenille du grand Paon mange les feuilles de tous les arbres fruitiers; mais comme elle marque quelque préférence pour celles du poirier, c'est le nom de cet arbre que l'on a choisi pour la désigner. On l'appelle, en outre, la chenille, à tubercules par ce qu'elle porte sur le dos et sur les côté, très symétriquement rangés sur quatre lignes, des tubercules couverts de poils d'un brun clair. Les métamorphoses de cette chenille sont assez remarquables. Après la mue, qui arrive vers le dix-huitième jour, son corps prend une teinte vert pâle et bleuâtre; les tubercules bruns sous la première peau, sont bleus, et après avoir passé à la couleur rouge, finissent par devenir lilas. Chaque mue qui a lieu, on remarque des changemens de couleur. Enfin, après la dernière, la chenille revêtue d'une peau qu'elle ne doit plus quitter que pour passer à l'état de chrysalide, a le corps d'un vert un peu jaunâtre, et les tubercules du plus beau bleu saphir : sa taille est alors d'environ quatre pouces. Chaque tubercule est entouré de cinq poils courts, disposés en étoile, et du centre desquels s'élève un poil plus long, terminé par un petit bouton. La chenille du Poirier met quatre jours à fixer son cocon, et ce n'est que trois jours après quelle se change en chrysalide. Le tissu qu'elle file est d'une soie grossière, plus ou moins brun, très serré et enduit de gomme; son mécanisme est admirable. Ces coques si bien fournies, sont fixées à une branche d'arbre, sous les égoûts des murs ou des toits, et dans les creux des vieux troncs; l'insecte y reste quelquefois deux ans : c'est encore une singularité que présente cette espèce.

(49)

BOMBYX BUVEUR. (*Pl.* 15 *, fig.* 1.)

Les ailes du mâle sont d'un brun tanné et légèrement violâtre en dessus, avec une ligne
ferrugineuse, descendant obliquement du sommet au milieu du bord interne ; les premières ailes ont l'origine de ce même bord et le disque d'un jaune fauve, et elles présentent vers le milieu de la côte deux points blancs, dont l'inférieur plus gros et souillé de
jaunâtre, le supérieur manquant quelquefois. De plus, on aperçoit deux lignes obscures,
dont l'antérieure placée transversalement près de la base, la postérieure parallèle au bord
terminal, bord dont la frange est jaunâtre à toutes les ailes, mais plus distinctement
entrecoupée de brun aux supérieures qu'aux inférieures.

Les quatre ailes sont d'un jaune obscur en dessus, avec une ligne ferrugineuse corres-
pondant à celle de la surface opposée ; le corps est jaunâtre, avec le devant du corselet
plus foncé ; la tige des antennes est blanchâtre, avec les barbes d'un brun grisâtre.

La femelle diffère du mâle en ce que toutes les parties de son corps, ainsi que les deux
surfaces de ses quatre ailes, sont d'un jaune paille, et en ce que la tige ferrugineuse du
dessus de ses ailes inférieures se dilate plus ou moins en manière de bande. Quelquefois

4

(5o)

on rencontre des individus qui sont d'un blanc jaunâtre, et d'autres qui sont presque du même ton que les mâles.

Cette espèce se trouve aux environs de Paris, dans les mois de juin et de juillet.

NOCTUELLE DU FRÊNE. (*Pl.* 15 , *fig. 2.*)

Les premières ailes sont d'un gris cendré en dessus, avec trois lignes noirâtres transverses, dont l'antérieure double; la pénultième plus flexueuse, bordée de jaunâtre en arrière; le milieu de la surface présente, sur un fond obscur, une tache jaunâtre que surmonte un croissant plus petit, également jaunâtre, et on aperçoit, le long du bord postérieur, une série de lunules noires, tournant leur convexité du côté du corps. De plus, on remarque à la base un liture noirâtre ayant la forme d'un sigma.

Les secondes ailes sont noires en dessus, avec le milieu traversé par une bande d'un bleu pâle, le bord postérieur blanchâtre est longé par une ligne noire en feston, qui se combine jusque sur les ailes de devant. Les quatre ailes sont d'un bleu blanchâtre en dessous, avec trois bandes noires transverses aux supérieures, avec deux et un point basiliaire aux inférieures.

Le corselet est tout gris, avec un double collier, et le pourtour des épaulettes noirâtre ; l'abdomen est noir en dessus, blanc en dessous, avec les incisions bleuâtres.

Le mâle diffère de la femelle en ce que son corps est bien moins gros, et ses antennes sont légèrement ciliées au côté interne.

On trouve cette espèce aux environs de Paris, dans le mois d'août.

NOCTUELLE MARIÉE. (*Pl.* 15 *, fig.* 3.)

Les premières ailes sont d'un gris cendré en dessus, entremêlées de parties plus claires, avec trois lignes noirâtres transverses, dont l'antérieure double, l'intermédiaire anguleuse, bordée de jaunâtre en arrière, avec l'angle saillant du côté interne, la postérieure à peine apparente. On aperçoit sur leur milieu deux taches orbiculaires, dont la supérieure noirâtre est surchargée d'un anneau jaunâtre ; l'inférieure jaunâtre est souillée de brun dans son milieu ; le bord terminal est précédé d'une série transverse de points noirs ; on remarque sur la frange, qui est de la même couleur que les parties claires de la surface, deux lignes noirâtres en feston. De plus, on aperçoit un signe un peu obscur qui est placé à la base.

Les secondes ailes sont d'un rouge carmin en dessus, avec deux bandes noires transverses, dont l'intérieure courbe dans son milieu ; la postérieure beaucoup plus large, bordée par une frange blanche.

Les premières ailes sont d'un noir chatoyant en dessous, avec trois bandes blanches ; le sommet et la frange sont d'un gris blanchâtre, et sur chaque dent on aperçoit un arc noirâtre.

Le dessous des secondes ailes diffère du dessus en ce qu'il présente du blanc vers la côte, surtout entre les deux bandes noires.

Le dessus du corps est cendré, le dessous est blanchâtre ; les antennes sont entièrement grises.

Cette espèce se trouve aux environs de Paris, dans le mois de juin.

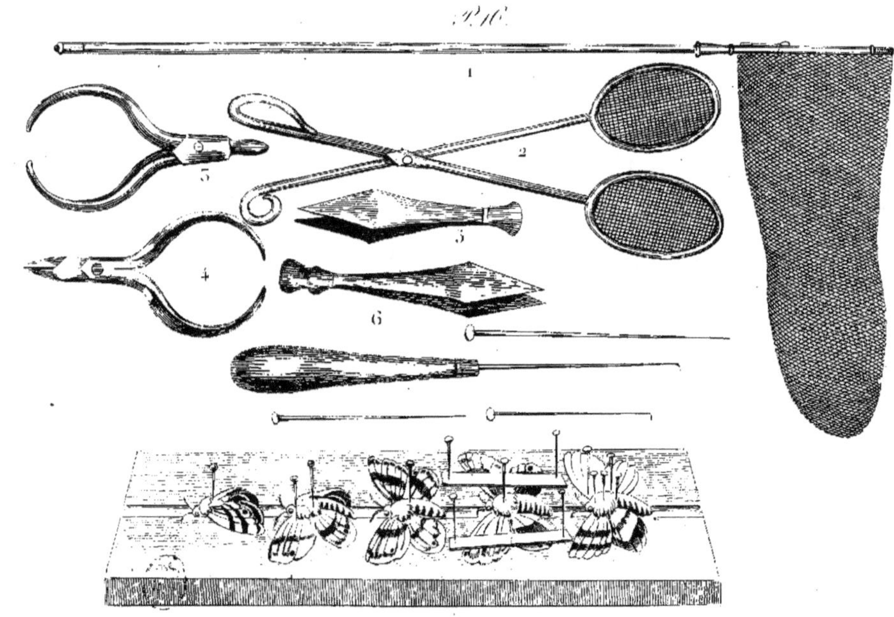

Pl. 16.

CHASSE AUX PAPILLONS.

C'est au printemps que les Papillons viennent diaprer les prairies et mêler leurs couleurs errantes à celles moins mobiles des fleurs. Ainsi, le champ n'est pas seulement orné des couleurs les plus brillantes, il est encore orné, à chaque instant, d'un dessin différent, le vol inconstant de ces insectes formant à tout moment diverses combinaisons , et traversant de mille manières le tapis de verdure au-dessus duquel ils voltigent. Le mois de mai est surtout le plus propice au chasseur : c'est le mois où naissent les feuilles, et l'insecte se lance dans l'air au moment où sa nourriture vient de paraître. En juin, juillet et août on trouve encore beaucoup de papillons; mais ils sont déjà moins nombreux ; et si dans les autres mois de l'année on en voit encore, ce sont des individus plus forts qui, malgré l'hiver, traînent encore une existence pauvre, cachés dans le tuyau de la cheminée, dans le creux d'un arbre ou derrière le four du paysan. Il faut, pour aller à la chasse de ces insectes, être muni d'un échiquier (*pl.* 16, *fig.* 1,) ; c'est une poche en gaze attachée autour d'un cercle de laiton, et fixée au bout d'un manche léger et long de trois ou quatre pieds. C'est l'instrument le plus commode pour le chasseur de papillons. Aussitôt que le papillon se sera jeté dans ce piége, il tournera légèrement le manche de *l'échiquier*, et il l'enfermera en le tenant de manière qu'un des côtés de la poche vienne s'appliquer sur la demi-circonférence du côté opposé, fermant ainsi l'ouvertnre qui est, comme on se le rappelle, un cercle complet.

Il est un autre genre de filet (*pt.* 16, *fig.* 2,) ; ce sont deux espèces de raquettes dont les manches, très longs, sont croisés et fixés par un petit clou, de manière à ce qu'on puisse les rapprocher face à face comme on ferait des deux branches d'une mouchette ou d'une paire de ciseaux. Les deux filets sont pareillement en gaze ou en filet de soie à mailles extrêmement fines et attachés assez lâches, afin que les deux raquettes rapprochées, ils ne gâtent pas le papillon par une trop forte pression. Il faut aussi, afin que les deux raquettes soient exactement fermées, que les fers joignent bien et soient comme à charnière. Il est encore d'autres filets, mais qui ne diffèrent que par quelque changement de forme, et ne présentent aucun avantage que ceux-ci ne puissent offrir ; nous n'en parlerons donc point.

Ce n'est pas tout encore que d'avoir les filets, un chasseur qui n'aurait qu'un fusil et point de carnassière pour emporter son gibier, pourrait être adroit , mais il passerait toujours pour peu prévoyant. Aussi faut-il emporter avec ces instrumens plusieurs boîtes de différentes grandeurs, afin d'enfermer les papillons dans les grandes : dans les petites on met les chenilles qu'il faut loger séparément dans la peur qu'elles ne se détruisent, beaucoup d'espèces étant très-voraces. Toutes ces boîtes se mettent dans une carnassière, ou dans une boîte à herborisation en fer-blanc. Le fond de ces boîtes est garni de liége, afin qu'on y puisse plus facilement piquer les papillons dont on a percé le corcelet avec des épingles. Il faut enfin être muni de trois pinces qui sont figurées *planche* 16.

Comme certaines fleurs s'ouvrent à diverses époques de la journée et ne sont épanouies que depuis telle heure jusqu'à telle heure, de même il est des papillons qui paraissent dès l'aube du jour, d'autres qui ne prennent leur vol qu'à dix heures du matin, d'autres enfin qui ne parcourent les campagnes que pendant l'extrême chaleur du jour, et lorsque le soleil est au plus haut de sa course. Il y a aussi des heures fixes auxquelles ils rentrent dans le lieu ordinaire de leur demeure. Beaucoup, et les mâles surtout, voltigent toute la journée, et rentrent au coucher du soleil.

Il y a des papillons que l'on approche fort aisément, d'autres qni sont fort rusés et que l'on ne saurait saisir qu'avec beaucoup d'adresse : les uns voltigent presque toujours au lieu même où ils habitent, où ils sont nés, tandis que les autres, tout à fait errans, conduiraient le chasseur sur leurs traces pendant des heures entières, et traverseraient des espaces considérables. Quelques-uns ont un vol qui sans cesse tourne sur lui-même et embrouille ses détours au point de fatiguer l'œil de celui qui les poursuit, tandis qu'on en voit suivre presque une ligne droite et disparaitre avec la même rapidité qu'une flèche ou une balle. Cette dernière espèce est bien rare, et le peu de poids que ces insectes présentent à l'air est sans doute la cause de cette difficulté qu'ils éprouvent à suivre une ligne droite à travers l'espace.

Quand le chasseur poursuit le papillon, il faut qu'il s'arrange toujours de manière que l'ombre de son corps et du filet qu'il porte ne soit pas en avant de lui, mais derrière ; autrement cette ombre effraierait l'insecte qui prendrait son vol. Le papillon a la vue extrêmement bonne, et l'ombre l'effraie et lui cause une très vive impression. Lorsqu'on l'a par hasard manqué, il ne faut point le poursuivre, le meilleur est de rester à la même place parfaitement immobile. Il revient souvent à la fleur qu'il a quittée, se pose au même endroit, quelquefois sur le filet ou sur le chasseur lui-même. Nous parlons ici des papillons de jour, ceux de nuit fuient dès qu'on les a manqués, et s'éloignent du théâtre de la guerre : ils sont, comme l'on voit, beaucoup plus prudens. Si le papillon est posé sur une plante disposée de telle manière qu'on ne puisse se servir du filet, il faut l'approcher le plus possible, et puis, excitant son vol par un léger bruit, le prendre en l'air. C'est plus difficile que de le saisir lorsqu'il est posé, mais ce n'est point impossible quand on a déjà l'habitude de se servir de l'échiquier.

Dès que le papillon est pris dans le filet, il faut le presser lorsqu'il a les ailes étendues entre les deux côtés du filet, et pour *l'étourdir* se servir de la pince de fer dont nous avons parlé, et lui presser le corps en travers à l'endroit du corselet ; on le tue ou on le rend assez faible de cette manière pour qu'il ne puisse plus remuer ses ailes, ni abîmer, par conséquent, leur velouté.

On pique le papillon pendant qu'il est étourdi. Le point à choisir est le milieu du corselet, et l'épingle sort par dessous entre les pattes, qu'il faut bien prendre garde de détacher. L'insecte est ensuite déposé dans une des boîtes, et si d'autres y sont déjà, on fait bien attention qu'ils ne soient pas assez près pour se toucher. Il ne faut point, comme le chasseur vulgaire, attacher sa proie à son chapeau. La pluie, le vent, le moindre accident enlève à l'imprudent qui en agit ainsi tout le fruit de sa chasse.

Les petits papillons demandent d'autres soins ; il ne faut pas les piquer par le corcelet, mais par la partie postérieure du corps qu'on nomme le ventre. Il faut aussi prendre garde de les tuer, parce qu'ils se dessécheraient trop tôt, et leurs couleurs ne tiendraient pas aussi solidement que celles des papillons plus forts. Le soir, le chasseur enlèvera les papillons de ses boîtes, afin de les *développer,* ou, s'il ne peut se livrer le soir à cette occupation, il entourera les boîtes de linge mouillé, et les déposera à la cave pour empêcher le desséchement.

Les petites phalènes ou papillons de nuit ne se piquent pas ; elles ne sont point assez vives pour qu'on ait rien a redouter de leurs mouvemens. On se contente donc de les renfermer séparément dans de petites boîtes, et le lendemain on les lâche dans un appartement dont les fenêtres sont fermées, et on va les rejoindre aux vitres vers lesquelles elles ne manquent jamais de voler. Un léger coup sur la tête les étourdit, et on les pique avec une aiguille ou une épingle très fine.

Il y a plusieurs appas pour attirer les papillons. Veut-on prendre des papillons mâles ? c'est d'attacher sur une jeune branche, avec une épingle, une femelle ; tant qu'elle bat des ailes et donne quelques signes de vie, les mâles viennent la visiter, voltiger autour d'elle et se poser sur les feuilles voisines. Pour se procurer beaucoup de phalènes, il faut la nuit, approcher les arbres avec un falot ou lanterne, et on est assailli par un nombre considérable de ces insectes que la lumière attire. On peut aussi étendre une nappe sous l'arbre qu'elles fréquentent et les faire tomber dessus en secouant les branches à l'aide de bâtons armés de crochets.

Les chasseurs adoptent l'un ou l'autre des filets que nous avons indiqués ; mais le filet simple présente, sans contredit, plus d'avantage ; il prend à terre et au vol. Il peut se rouler sur le cercle de laiton, qui lui-même se ferme, étant à charnière, et quant au manche on en fait une canne.

PRÉPARATION DES PAPILLONS

ET

DES MOYENS PROPRES A LES CONSERVER.

Afin de jouir pleinement de la beauté des Papillons, on est dans l'usage de les étaler, c'est-à-dire de leur donner à peu près l'attitude qu'ils ont en volant. Cette opération ne peut avoir lieu qu'autant qu'ils conservent encore toute leur souplesse, ou qu'on la leur rend en les faisant ramollir.

Il est plusieurs manières de faire ramollir. Nous n'en indiquerons que deux. La première se réduit à mettre, avec un pinceau, de l'alcool ou esprit de vin rectifié sous la base des ailes. Cette liqueur opère de suite ; mais il arrive assez souvent qu'elle dénature les couleurs, et surtout celles des espèces nocturnes.

La seconde manière consiste à piquer les Papillons sur un rond de liége d'environ six lignes d'épaisseur ; à mettre ce rond dans une assiette avec un peu d'eau froide , et à le couvrir d'une cloche de verre qui porte exactement sur le fond de l'assiette, afin de bien concentrer l'humidité. Les papillons qu'on enferme le soir sous cette cloche sont ordinairement bons à étendre le lendemain dans la matinée. Si le corps d'un d'entre eux touchait le liége , il faudrait le relever avec deux épingles croisées ou un petit morceau de bouchon, pour l'empêcher de se mouiller, car l'eau gâte les écailles.

Pour étaler , on se sert de planchettes en bois tendre , au milieu desquelles il y a une rainure profonde au moins de six lignes, mais large en proportion de la grosseur du corps des individus qu'on veut développer. Ces planchettes doivent former un peu le talus de chaque côté de la rainure, ne pas avoir de nœuds, et être divisées transversalement d'un bord à l'autre par des lignes parallèles entre elles et numérotées aux deux bouts. On enfonce dans le milieu de la rainure, et en alignement d'une des parallèles susdites, l'épingle qui traverse le corselet du Papillon ; puis avec une aiguille très-fine, qu'on pique au-dessous de la plus forte nervure près du corps , on conduit successivement les ailes supérieures jusqu'à ce que leur extrémité dépasse raisonnablement celle de la tête. On conduit de même les ailes inférieures jusqu'à ce qu'elles soient un peu recouvertes par les supérieures. Quand les quatre ailes sont bien en place , on les comprime avec deux bandes de papier

(1) dont on arrète les extrémités sur le bois avec des épingles assez fortes. Après cela, on ôte l'aiguille de chaque aile, pour que les trous ne s'agrandissent pas en séchant. On arrange ensuite les pattes, les antennes et la trompe. Si le corps était trop enfoncé dans la rainure, il faudrait introduire sous son extrémité un petit morceau de liége ou de moëlle de sureau.

En étalant les Crépusculaires et les Nocturnes, on doit autant que possible, faire passer le crin écailleux du dessous des secondes ailes dans la coulisse du dessous des premières. Par ce moyen, ou entraîne les deux ailes à la fois, et l'on est dispensé de piquer les inférieures.

Il ne faut pas étendre de Papillons vivans, parce qu'ils abiment leurs ailes par les efforts qu'ils font pour se dégager. Nous avons dit plus haut qu'on étouffait ces insectes en leur serrant les côtés de la poitrine; mais les papillons qu'on n'a pu tuer par ce moyen et qui paraissent ne devoir l'être que si on les écrasait, sont tués en Allemagne par le procédé

---

(1) Il faut du papier d'écolier pour les Sphinx.

Du papier à lettre pour les petites Noctuelles.

Du papier de Hollande pour les Diurnes et les Phalènes.

Les cartes ne valent rien. Nous naimons pas non plus les morceaux de verre, parce qu'ils sont trop sujets à se déranger.

suivant. Nous le recommandons ici, car il ne faut pas oublier que la mort du papillon es_t indispensable pour qu'on puisse le préparer; on a donc une petite boîte en fer-blanc bien soudée et pouvant fermer bien hermétiquement. On place le papillon dans le fond sur le liége qui la garnit, et on la jette ensuite dans l'eau bouillante; l'insecte périt étouffé, et en très peu de temps, la mort est infaillible. Quelques personnes emploient le soufre pour tuer les papillons : le moyen est sûr, mais l'action de la vapeur du soufre détruit tout à fait les couleurs ou au moins les change de nuance, et le but alors est manqué.

Un autre moyen est de passer dans une carte l'épingle qui leur traverse le corselet, et d'en faire rougir la pointe à une chandelle ou à une bougie. La carte sert à garantir les différentes parties du corps du contact de la lumière. Aussitôt après l'opération, l'épingle doit être changée.

Pour empêcher les Papillons qu'on prend à la chasse de se débattre, on leur passe dans la poitrine une épingle, de manière qu'elle se croise à angles droits avec celle qui traverse déjà le corselet. Cela s'appelle *mettre un frein.*

Tant que les Papillons sont sur les bois à étaler, on doit les tenir soigneusement renfermés, pour les préserver de la poussière et des insectes destructeurs. Lorsqu'on les retire, ce que nous recommandons de faire avec tout le ménagement possible, il faut les droguer sous le corps avec du savon arsenical. Ce savon se met avec un pinceau, mais en très petite quantité ; car s'il y en a trop, l'arsénic qu'il contient se crystallise et finit par corroder la partie sur laquelle il est appliqué.

Si le corps, les antennes ou les pattes viennent à se casser, on les rattachera avec de la gomme arabique que l'on fera fondre dans de l'eau chaude, et à laquelle on pourra ajouter un peu de sucre candi et de poudre à poudrer.

C'est aussi cette gomme qu'il faut employer pour recoller les ailes. Mais si l'on veut y mettre des pièces, on ne parviendra à les faire tenir qu'avec du vernis ou de la colle à bouche raclée et détrempée dans de la salive.

Les tiroirs et les boîtes doivent avoir le fond garni de planches ou au moins de petits ronds de liége ; et il est bon que le papier qui tapisse leur intérieur soit collé avec de la colle délayée dans une décoction de *coloquinte* ou de quelque plante très amère.

Si l'on aperçoit de la poussière sous un Papillon, c'est un indice qu'il est attaqué. Il faut alors l'exposer soit au soleil, soit à la chaleur d'un poële, pour en faire sortir la larve ou l'insecte.

Malgré les préservatifs que nous venons d'indiquer, nous n'en conseillons pas moins aux amateurs de visiter souvent leur collection, et surtout de la tenir avec la plus grande propreté.

FIN.